AUX VIGNERONS !

PROCÉDÉS SURPRENANTS

DE

PROPAGATION ET DE PLANTATION DE LA VIGNE

PAR

DEFRANOUX, président, et LERVAT, trésorier

DE LA SOCIÉTÉ DE VITICULTURE D'ÉPINAL.

Lisez, car si chacun savait parfaitement propager la vigne, la vigne embellirait bientôt, en les enrichissant, les innombrables coteaux improductifs qui l'attendent.

Prix : 50 centimes.

PARIS

F. HUMBERT, LIBRAIRE-ÉDITEUR

17, RUE CASSETTE, 17.

MAISON A MIRECOURT (VOSGES).

1864.

AUX VIGNERONS !

PARIS, LIBRAIRIE. — HUMBERT, IMP. A MIRECOURT.

AUX VIGNERONS !

PROCÉDÉS SURPRENANTS

DE

PROPAGATION ET DE PLANTATION DE LA VIGNE

PAR

DEFRANOUX, président, et LERVAT, trésorier

DE LA SOCIÉTÉ DE VITICULTURE D'EPINAL.

> Lisez, car si chacun savait parfaitement propager la vigne , la vigne embellirait bientôt, en les enrichissant, les innombrables coteaux improduc ifs qui l'attendent.

Prix : 50 centimes.

PARIS

F. HUMBERT, LIBRAIRE-ÉDITEUR

17, RUE CASSETTE, 17.

MAISON A MIRECOURT (VOSGES).

1864.

DONNÉES PRÉPARATOIRES

La science cherche avec raison à provoquer l'abandon du provignage ou couchage permanent, qui encombre et épuise le sol, à une profondeur extrême.

Elle n'admet pas la sautelle, en ce que celle-ci provient d'un couchage qui, permanent, constitue une pratique presque aussi fâcheuse que le provignage, et qui, ne durât-elle qu'un an, causerait encore trop de fatigue au pied-mère, dont la maladie peut, d'ailleurs, passer au rejeton qu'on lui demande.

Elle n'admet pas le semis Hudelot en pleine terre, et surtout en plein champ, par la raison que, si, par hasard, il y fournit une tige, il la fournit basse et grêle, — par la raison que l'enracinement est, à plusieurs égards, tout à fait anormal, — et par la raison que, trop superficiellement enterrée, la racine peut être arrachée ou blessée par l'instrument aratoire.

A cause de l'extrême profondeur de l'enfouissement et de l'irrégularité de l'enracinement, elle ne veut pas de la longue bouture du vigneron qui, ici, n'est pas, comme on le verra plus loin, aussi coupable qu'il en a l'air.

Par le même motif, elle condamne la bouture non moins longue dont celui-ci enfouit horizontalement, à 15 centimètres de profondeur, une longueur de 50 centimètres, en relevant, le plus verticalement possible, la partie destinée à la vie en plein air.

Quand il s'agit de faciliter l'émission des racines, et ici, nous sommes de son avis, elle défend d'écorcer la partie de la bouture à enfouir, en se fondant sur ce fait que, comme taillader, écorcer est mutiler.

En effet, décortiquer est, au lieu d'attaquer le bois, le dépouiller tout simplement du tissu textile qui s'oppose à l'émission des racines.

Elle pousse le scrupule au point de ne vouloir donner pour base, à la bouture, que l'endroit dur vers lequel une vrille ou cirrhe a poussé, quand nous avons vu des ceps de force surprenante résulter de boutures à base non avoisinée d'une vrille, vrille dont la recherche nous semble simplement compliquer le travail.

Enfin, elle veut une bouture toujours facile à décrire, mais difficile à façonner, en ce que, sur le sarment où elle doit être prise, une longueur de 15 centimètres, par exemple, peut offrir jusqu'à quatre yeux.

Or, elle n'en veut qu'un à la base, et qu'un à la partie supérieure.

Or, par suite, quelle longueur insuffisante aurait la bouture taillée dans un bois mesurant 15 centimètres de longueur, et pourvu de quatre yeux, si, pour avoir une tige unique vigoureuse, et un seul étage de racines, l'on ne donnait qu'un œil à la partie supérieure, et qu'un œil à la partie à enfouir !

En vérité, c'est uniquement sur couche, qu'un tube si court peut émettre une tige et des racines, car, en pleine terre non arrosée,

les quatre cinquièmes des sujets enfouis à 10
ou 12 centimètres seulement pou rissent et se
dessèchent, au moins sur certains sols ou
sous certains climats.

Aussi, de là, refus du vigneron de renoncer à sa bouture démesurée qui lui coûte uniquement la peine de la couper en deux coups
de serpette, de la taillader dans la partie à
enfouir, et de la repiquer, — qui, se conten-
tant d'un sol maigre, n'a besoin, pour prospérer, ni d'un lit de terreau, ni du coup d'arrosoir, — qui, là où la science, malgré une
dépense relativement énorme, la mène à bien
à peine 50 fois sur 100, réussit presque toujours, — et qui, quoique ses contradicteurs
en disent, peut lui donner du fruit, dès sa
deuxième année.

Qui a le plus de torts?

Nous ne le savons pas ; mais nous nous
croyons autorisés par nos observations et nos
expériences à exprimer l'opinion que, trop
absolue dans ses arrêts, la science dépense
trop, pour arriver, en fin de compte, à des
résultats insuffisants, et que, trop sourd aux
bons conseils, le vigneron, dans son désir

d'aboutir aussitôt, perd tout à fait de vue ce principe que, comme la semence, tout sarment reproducteur doit être peu profondément enterré.

Nous exprimer ainsi est faire pressentir que nous allons, en en attendant de plus forts que nous, proposer de nombreux essais de modification des procédés connus de propagation de la vigne.

C'est même presque dire, par exemple, que nous croyons avoir découvert les moyens les plus pratiques d'en finir bientôt avec le provignage, — de changer la sautelle en providence du vigneron, — de porter le semis Hudelot à sa puissance et à sa normalité les plus hautes, — de donner à la bouture verticale, toute la perfection dont elle est susceptible, — et de former, en fait de pépinière, ce qu'il est de plus beau.

Si nous espérons trop, que la critique nous soit légère!

En effet, notre but est, non d'attaquer, pour le méchant plaisir de causer de la peine à autrui, le chapon de la science, la bouture à talon de vieux bois, le bouton Hudelot et le couchage permanent, mais d'indiquer en quoi ils nous semblent paralyser le progrès viticole, progrès sans lequel la France ne peut devenir assez riche, et qui dépend surtout, notons-le, en passant, du mode de plantation.

I

PROPAGATION DE LA VIGNE PAR SEMIS DE PEPINS.

Sans l'obligation de greffer ultérieurement, le meilleur mode de propagation de la vigne consisterait naturellement en un semis de pepins en pépinière.

II

PLANTATION DES SARMENTS DE BOUTURES VERTICALES.

A notre sens, en terre sèche, maigre et inconsistante, et sous un climat très chaud, les boutures très longues et à partie inférieure très profondément enfouie sont celles qui présentent le plus de chance de réussite.

Leur minimum de longueur à enfouir nous paraît devoir être, dans les terres tenaces, de 17, — dans les terres demi-consistantes, de 21, — et, dans les terres sèches et légères, de

25 centimètres, quand on forme une vigne, en terre de guéret.

Nous trouvons très avantageux de planter, dès la taille du printemps, époque où la fraîcheur du sol amollit le bois souterrain des boutures, et facilite ainsi l'émission des rudiments de racines.

Cependant, en viticulture, comme en agriculture, tout succès dépendant de nombre de circonstances de sol, de climat, d'exposition, de saison, de fumure, de culture, etc, nous nous bornerons à conseiller au vigneron, pour le cas où il ne serait pas, ici, de notre avis, de laisser sur le cep, lors de la taille, les sarments qu'il voudra transformer en boutures, en avril seulement.

Nous admettons comme simple pis-aller la mise en jauge et la stratification, et nous repoussons d'une manière absolue le trempage, qui nous paraît mélanger d'eau le reste de sève contenu dans le sarment à demi desséché.

En façonnant la bouture à planter verticalement, il importe de tenir le plus grand compte de ce fait que, le lieu de naissance des racines se montre immédiatement sous chaque œil, en collier de petits points qu'on risquerait de supprimer, si l'on coupait la bouture trop près de la partie inférieure de l'œil.

Combien, pour avoir ignoré ce fait, ont supprimé au moins une partie des rudiments de racines situés sous l'œil inférieur de la bouture!

III

DÉCORTICATION PARTIELLE DES SARMENTS.

Décortiquer est enlever, avant d'enfouir la bouture, 1 centimètre du tissu textile couvrant le bois immédiatement sous l'œil considéré dans la position verticale.

En d'autres termes, c'est éplucher jusqu'au vert exclus cette partie qui, si elle n'est pas épluchée, forcera presque toujours, dans la bouture Hudelot enterrée horizontalement, le fragment de sarment à ne s'enraciner qu'au gros bout.

Décortiquer n'est donc pas, comme beaucoup le croient, enlever des copeaux de bois, à coups de serpette donnés par ci, par là, ou tailler en biseau la base de la bouture.

Ce n'est pas non plus écorcer le bois dans presque toute la longueur du mérithalle placé sous l'œil terminal de la partie à enfouir.

Décortiquer, du dessous de l'œil terminal à 1 centimètre plus bas provoque presque toujours, sans nuire au bois, l'émission de racines qu'on a en vue.

Au contraire, taillader ou écorcer ne peut, comme le dit la science, qu'affaiblir le plant.

C'est surtout aux articles 8 et 25, que l'on verra les merveilleux effets de la décortication, sur la tendance des racines auxquelles on n'ouvre pas une issue, à aller s'émettre beaucoup plus bas que l'œil considéré dans la position verticale.

IV

PLANTATION EN PLACE ET EN PÉPINIÈRE.

Planter en place, à l'aide de boutures, n'est une opération pleine d'avenir que quand, bien aoûtées, et normalement façonnées d'après des principes qui seront indiqués plus loin, ces boutures doivent, sans être plantées dans un apport de terreau, presque toutes devenir magnifiques, et pouvoir donner du fruit dès la deuxième ou la troisième année de plantation.

En effet, perdre des plants et attendre trop longtemps des récoltes sont perdre de l'argent.

Au reste n'est-il pas on ne peut plus fâcheux

d'avoir, pendant plusieurs années, des vides à combler dans une jeune vigne?

Notons, en outre, que, dans des vignes ainsi créées, on ignore toujours, quand on n'a pas façonné et planté rationnellement la bouture, les conditions dans lesquelles l'enracinement s'est produit.

Or, sachant ce qu'est la tige, on doit savoir ce qu'est la racine, sans laquelle la tige ne peut rien.

Planter en place avec des pieds d'achat, frais, munis de racines non mutilées à l'excès, et provenant d'une pépinière établie en terrain de fécondité moyenne, coûte beaucoup plus cher.

Planter en place avec les pieds si vigoureux qu'avec M. Braconnot nous avons imaginé (article 15) le moyen d'obtenir, est porter la plantation à sa plus haute puissance, mais coûte encore plus cher, si l'on néglige de considérer que c'est pouvoir obtenir une récolte, à partir du moment où la tige constituant ces pieds est parvenue à dépasser le niveau du sol de quelques centimètres.

Quant à la plus rationnelle, la plus économique et la meilleure manière d'aboutir, elle est de planter en place, d'après les prescriptions des articles 16, 17, 25 ou 30, et surtout de la note 1, que, par ce motif, nous avons voulu placer à la fin de ce travail.

Elle est aussi d'enterrer, en pépinière, des sarments, de la manière indiquée par les prescriptions de l'article 17 et de la note 1, d'arracher, l'an suivant, les plus vigoureux pieds, et, cela fait, de les repiquer immédiatement dans les champs préparés pour formation d'une vigne.

Que chaque vigneron n'a-t-il une pépinière ainsi établie!

Elle le dispenserait de provigner ou de faire des sautelles, pour remplir des vides; elle lui fournirait des pieds de formation d'une vigne nouvelle; il vendrait ce qu'il n'emploierait pas, et il n'aurait plus à encourir, de la part de la science, le reproche d'enterrer trop profondément sa bouture.

Cela entendu, mettez-vous, praticiens éclairés, à donner des exemples.

V

SEMIS D'ÉCUSSONS.

Sur cinquante écussons que nous avons mis en terre, aucun n'a levé.

L'écusson vient, il est vrai, en serre, mais c'est sous des soins d'autant plus minutieux, qu'il porte uniquement 2 des 5 ou 6 rudiments de racines qui, partant du pétiole de la feuille, s'enfoncent sous l'œil considéré dans la position verticale.

VI

SEMIS DE BOUTONS HUDELOT, AVEC UN DEMI-CENTIMÈTRE DE BOIS DE CHAQUE CÔTÉ.

Nous avons semé cent de ces boutons, que nous avons couverts de 4 ou 5 centimètres de terre.

Dix ont levé.

Ils ont donné des tiges ne s'élevant pas au dessus du sol, à plus de 8 centimètres de hauteur, après avoir tardé jusqu'à quatre mois à se montrer.

La raison en est, à nos yeux, que plus ou moins de points de naissance des racines avaient été supprimés par la serpette, sous l'œil, du côté du gros bout du fragment de sarment.

Or, si vous plantez un petit bout de sarment diminué au petit bout, de son œil unique, coupé à 5 millimètres sous l'œil considéré dans la position verticale, vous ne pouvez le voir s'enraciner, en ce qu'il n'y aura plus, dans l'intérieur du bois restant, que les prolongements des points de naissance des racines.

VII

SEMIS DE BOUTONS HUDELOT AVEC 4 CENTIMÈTRES DE BOIS DE CHAQUE CÔTÉ.

Voici, en substance, comment M. le docteur Jules Guyot nous a parlé de la manière d'obtenir du semis de boutons Hudelot, de très beaux plants.

Après la chute des feuilles, enlever les sarments qui ont porté le plus de raisins, en ce qu'ils sont les plus fertiles.

Couper ces sarments, à 4 centimètres de chaque côté de l'œil, puis, dans une cave, stratifier et couvrir de terre.

En mai, quand la végétation s'annonce bien, et, s'il s'agit de pépinière, placer ces yeux horizontalement, dans des rigoles de 4 à 6 centimètres de profondeur, suivant la ténacité ou la légèreté de la terre, en espaçant de 15 centimètres.

S'il s'agit de planter une vigne, planter à l'emplacement définitif.

Dans l'un ou l'autre cas, placer dans la fosse

l'œil en dessus, couvrir de terre fine mélangée de terreau, tasser avec force, et, quand la terre est sèche, arroser fréquemment.

Enfin, un peu plus tard, donner plusieurs binages.

Après moins de sept mois, on obtient des racines de 30 à 50 centimètres de longueur.

Des semis faits en 1860, ont donné, en 1861, leurs premiers fruits, et, en 1862, une récolte moyenne.

Il résulte de ce mode de création d'une pépinière ou d'une vigne, des échanges faciles et des transports de coût minime.

Cela dit, M. le docteur Jules Guyot, nous a montré un de ces plants.

Il était magnifique, grâce, notons-le bien, à la stratification en cave, que nous adopterons, si le semis d'automne ne la prime pas.

Seulement, la racine, au lieu d'être située dans la région de la base de la tige, pendait au gros bout du fragment de sarment, en long pivot environné de chevelu, d'où il résultait que, débarrassé de presque tout son vieux bois, ce pied se serait trouvé tout à fait nu sous la tige.

Anormalement enraciné, ce pied ne valait-il donc rien?

Selon nous, transplanté dès la fin d'octobre, il eût pu s'enraciner plus normalement, puisque une bouture sans bois chevelu, émet tige et racine.

Selon nous aussi, ne vouloir s'arrêter, pour le système radiculaire, qu'à ce qui est entièrement irréprochable, est vouloir l'impossible, en ce que la perfection est, dans les plantes, aussi rare qu'ailleurs, — en ce que, après six, douze ou dix-huit mois, l'enracinement n'a pas tout dit, — et, en ce que, mauvais, dans la première année de son existence, il deviendra peut-être irréprochable, surtout sur un bon sol.

En tout état de cause, l'espèce de décortication, dont, tout à l'heure, on verra les effets, ne vient-elle pas remédier au mal, si grand mal il y a?

Dans la méthode qui vient d'être décrite, enterrer le fragment de sarment, en novembre, serait, à notre sens, une stratification naturelle bien préférable à la stratification en cave, bien que celle-ci, en faisant éclore de très bonne heure le bouton, ait assurément fait les trois quarts de la beauté du plant précité.

Écrivant ici principalement pour le petit vigneron, nous ne voudrions, de peur de l'effrayer, ni apports de terreau, ni fréquents arrosages.

En outre, placer en terre l'œil sur son antipode, au lieu de le coucher sur un côté, est le placer dans les conditions de végétation les moins favorables, en ce que l'œil n'a guère qu'à sa droite et à sa gauche, des rudiments de racines.

Nous exprimer ainsi est presque dire que nous espérions peu du système qui venait de surgir, système admiré par les uns, et déclaré par les autres détestable, pour le cas même où, sur guéret de médiocre fécondité, il donnerait, sans grands frais de main-d'œuvre, de très beaux sujets.

Cependant, peu disposés à imiter les maîtres qui, ayant dit, ne souffrent pas qu'on fasse ensuite mieux qu'ils n'ont dit, nous avons semé, du 1er avril au 1er mai, dans quatre jardins, en terre riche et légère, cinquante boutons Hudelot, auxquels ni les arrosages, ni les binages n'ont manqué, afin de voir ce que, sans stratification préalable, nous pourrions en obtenir.

Huit ont levé.

Ils ont donné des pousses grêles de 7 à 12 centimètres de hauteur.

C'est un résultat presque négatif, attribué par nous à ce fait que le tube de 9 centimètres, constitué par la bouture Hudelot, est un court réservoir de sève, bien vite pénétré et tari par l'extrême froid, l'extrême humidité et l'extrême chaleur, toutes les fois qu'il est mis en terre, sans stratification préalable.

Autre fait !

Comme l'échantillon précité, les boutures avaient, non sous la pousse, mais au gros bout du fragment de sarment, un long pivot environné de chevelu.

Or, cela provenait évidemment de ce que, arrêtés par l'épiderme du bois, les rudiments de racines situés sous l'œil considéré dans la position verticale, avaient gagné, par leur prolongement intérieur, un point où ils n'avaient aucun obstacle à rencontrer.

Ce semis sans stratification préalable est, il est vrai, suivi avec succès depuis un temps immémorial, dans certaines contrées de l'Italie ; mais, par malheur, le climat des Vosges n'est pas celui de ces heureux pays, et, d'ailleurs, comme l'agriculture proprement dite, la viticulture est une science de localité.

VIII

EFFETS DE LA DÉCORTICATION SUR LES BOUTURES HUDELOT.

Nous avons laissé à cinquante boutons, de chaque côté de l'œil, 4 centimètres de bois.

Sur une longueur de 1 centimètre, sous l'œil

considéré dans la position verticale, nous avons décortiqué le bois, de la manière indiquée par l'article 3.

Nous avons enfoui horizontalement nos bouts de sarment, à 5 centimètres de profondeur, dans trois jardins, en terre légère et riche.

Nous avons arrosé et biné.

Dix boutons ont levé.

Leurs tiges ne se sont pas mieux comportées que celles dont il est parlé à l'article 7.

Quant à l'enracinement, il a été des plus satisfaisants.

En effet, 7 sujets ne se sont enracinés que dans la partie décortiquée, et, à cette partie, 3 ont présenté plus de racines qu'au gros bout du bois, où, sans l'opération par nous imaginée, tous les rudiments de racines auraient assurément voulu aller chercher un point d'émission beaucoup plus facile.

Or, un fait de la plus haute importance est que ce perfectionnement est applicable, comme on le verra plus tard, à tout œil qui, considéré dans la position verticale, doit servir de base à la bouture, quelle qu'elle soit.

Est-ce à dire que l'idée Hudelot ne serve à rien, en ce qu'elle exige trop de dépense et de peine ?

Non certes, et en voici les preuves.

Elle nous a donné l'idée féconde de la décortication qui, combinée 1° avec l'allongement donné au bout de sarment par l'article 17, 2° avec la plantation en automne ou avec la stratification en automne, donnera d'admirables résultats.

Elle nous a donné l'idée de modifier avantageusement le chapon.

Elle nous a donné l'idée de plusieurs des essais et des propositions d'essais dont il sera plus loin question.

Enfin, si plusieurs de ces essais et de ces propositions d'essais, ont le suffrage de nos lecteurs, nous lui devrons le bonheur que nous en éprouverons.

IX

L'INVERSE DU SEMIS HUDELOT.

Enfonçons entièrement et verticalement, dans une raie de 5 à 8 centimètres de profondeur, selon le degré de consistance du sol, un fragment de sarment mesurant 15 centimètres, avec un seul bouton, situé à 3 centimètres plus bas que l'extrémité de son petit bout.

Cela fait, comblons la raie, et tassons bien la terre.

Nous obtiendrons ainsi une bouture verticale qui sera l'inverse de la bouture horizontale Hudelot, et qui, en ce que, de sa base, la fraîcheur de la terre arrivera vite à l'œil unique, développera plus promptement une tige plus vigoureuse.

Eh bien, cette bouture sera, à très peu de chose près, celle de la science, sous ces exceptions que celle-ci a un œil à sa base, qu'elle a environ 20 centimètres de hauteur, et que sa partie supérieure dépasse le niveau du sol, de 5 à 7 centimètres.

X

DU PROVIGNAGE OU COUCHAGE.

Quoique justement condamné depuis longtemps par la science, le provignage, opération des plus pénibles, des plus compliquées et des plus exclusives de la plantation en lignes, continue d'être pratiqué par la masse des vignerons, là où la vigne est tenue basse.

Et pourquoi?

Parce que, dans leur attachement non raisonné à la coutume, ces travailleurs mal inspirés n'admettent, en fait d'oracles, que les prescriptions qui leur ont été léguées par leurs pères.

C'est bien le cas de dire que le mal fait faire le mal.

Au reste, les vignerons ne sont-ils pas encouragés par les sophistes en viticulture, à s'obstiner, quand même, devant les démonstrations les plus frappantes de leur aveuglement?

En effet, voyant le provignage se présenter, soit avec des treilles, pour le moment magnifiques, soit avec des vignes qui, à cause d'une vieillesse anticipée, donnent du nectar, ces sophistes, ou plutôt ces observateurs superficiels, le portent aux nues, sans s'être enquis de la perfidie avec laquelle il se comporte au sein de la terre.

O astrologues qui, lisant couramment dans le ciel, risquez de tomber dans un puits, écoutez-nous, un instant, à cet endroit, et, cela fait, retenez bien que le regard est aussi fait pour fouiller que pour s'élever.

Eh bien, provigner est coucher en terre, de novembre à mars, des ceps avec leurs sarments destinés à devenir des sujets qui combleront un vide plus ou moins grand.

A cet effet, on laisse croître sur les ceps, aux

abords des vides, quatre ou cinq sarments, selon les besoins.

On creuse, dans la partie vide, une fosse d'au moins 50 centimètres de profondeur.

A la même profondeur, on déterre les ceps munis de sarments reproducteurs.

On distribue ceux-ci dans la fosse, aux places où ils sont appelés à former de nouveaux pieds.

On les fixe au moyen d'un crochet de bois ou d'une grosse motte de terre.

On en relève le petit bout, à environ 20 centimètres de hauteur, et on l'attache à un échalas fixé en terre, à cet effet.

Cela fini, on recouvre l'ensemble des ceps et des sarments, de 15 à 20 centimètres de terre sortie du lieu fouillé, et l'on remet au printemps suivant le comblement de la fosse.

A cause des détours et des torsions à faire subir aux sarments, combien de peine pour arriver, sans des bris qui lui seraient funestes, à fixer le petit bout à la place choisie !

Mais, pourquoi plaindre ici nos vignerons, puisqu'ils vaquent gaîment au travail inutile et nuisible dont les anciens ont introduit l'habitude ?

Cependant, les pieds-mères ainsi enterrés,

font émettre aux jeunes pieds, non-seulement des pousses aériennes, mais encore des racines secondaires.

Nous disons : *secondaires*, car, en attendant que ce chevelu soit devenu assez abondant et assez vigoureux, la mère fournit le gros de l'alimentation nécessaire, et, par suite, éprouve une fatigue excessive.

Nous ne voyons pas, disent les sceptiques, cette fatigue se produire.

Mais, répondrons-nous, si la partie aérienne n'a pas perdu sa riche apparence, et si vous avez des yeux pour ne pas voir la production diminuer, voyez où en sont les racines.

En effet, des choses étranges se passent au sein de la fosse.

A la profondeur extrême qu'il occupe dans un milieu infertile ou insalubre, le bois des souches sacrifiées pourit en plusieurs points.

Pourissant, il communique son mal à tout ce qu'il nourrit.

Que disons-nous? Alimentés par une sève viciée, les jeunes pieds tombent en une langueur dont il leur est d'autant plus difficile de se remettre, que l'enracinement n'est pas encore suffisant, et que, d'ailleurs, le mal est descendu jusqu'au bout des racines.

Aussi, est-ce quelque chose de bien curieux, ou plutôt de bien triste, que de voir, quand une vigne est rompue, l'encombrement de racines monstrueusement anormales, à demi pouries et tout à fait mortes, qui y règne.

Qu'est-ce que la vigne qui, sous la main de l'ignorance, va remplacer tout cela, pourra donc faire dans un terrain où presque tous les sucs qui lui sont nécessaires, ont été beaucoup plus gaspillés qu'utilement absorbés?

Mais, ne désespérons pas, car, avec de bons yeux, on voit la culture en lignes, la pépinière, et l'observation surexcitée par des propositions d'essais du genre des nôtres, venir porter au provignage un coup décidément mortel.

XI

LA SAUTELLE.

A la taille du printemps, on choisit, sur un cep, un sarment bien aoûté et bien constitué, d'au moins 1 mètre de longueur, et placé le plus près possible de terre.

A une certaine distance du pied-mère, on creuse une rigole de 15 à 20 centimètres de profondeur.

On y abaisse le sarment, à cet effet courbé vers son point d'insertion.

Après l'y avoir couché, on l'y fixe, en le couvrant de terre, et, au besoin, en le maintenant préalablement avec une fourche de bois.

Cela fait, on en relève la partie supérieure, de manière à lui laisser deux ou trois bons yeux.

Un peu plus tard, les yeux s'ouvrent et se développent.

Des racines s'émettent tout le long du bois enfoui.

Enfin, en automne, on se trouve avoir un pied plus ou moins irrégulièrement enraciné.

Ce pied est conservé en place.

Quelquefois il est repiqué ailleurs, pour y remplir un vide, ou pour y former une vigne.

Il est très vigoureux ; mais il fatigue la mère, pendant tout le temps qu'il y reste attaché, et surtout dans les deux premiers mois de sa jeunesse, sans compter qu'il peut en contracter les maladies.

Au surplus, ce mode de couchage que nous indiquerons les moyens de rendre presque irréprochable, a infiniment moins d'inconvénients que le couchage permanent.

XII

SAUTELLE MULTIPLE DEFRANOUX ET LERVAT.

Pour rendre à César ce qui appartient à César, disons d'abord que, comme la sautelle annoncée par l'article 15, la sautelle à laquelle nous donnons notre nom est fille de la sautelle multiple Chapellier, décrite à l'article 14.

Quiconque, n'étant pas viticulteur, serait appelé à se prononcer entre une opération de provignage et une création de sautelles, exécutées en sa présence, demanderait assurément pourquoi le second de ces deux procédés de propagation de la vigne n'est pas préféré au premier, dont le moindre défaut est d'être des plus pénibles, des plus compliqués et des plus désastreux.

S'il en est ainsi, c'est assurément parce que la sautelle a des racines trop peu enfouies, pour que son système radiculaire ne soit pas exposé, lors des façons, à être mutilé par l'instrument aratoire.

D'un autre côté, la sautelle ne forme pas un plant assez régulièrement constitué dans toutes ses parties ; elle fatigue trop longtemps la mère, et elle a, si elle **reste en place**, une partie enracinée qui, très longue, est une trop grosse mangeuse de sucs.

Eh bien, afin qu'il cesse d'en être ainsi, nous proposons l'emploi du procédé suivant.

Dès la taille du printemps, choisir un beau sarment de plus de 1 mètre.

En retrancher la partie non aoûtée.

Décortiquer 1 centimètre de bois, sous chacun des trois yeux terminaux considérés dans la position verticale.

Ouvrir une large fosse de 15 centimètres de profondeur.

Si le sous-sol est mauvais, remplacer, là où devront reposer les trois yeux terminaux, 15 centimètres de la mauvaise terre du fond par la même épaisseur de bonne terre bien foulée.

Coucher le sarment dans la fosse, de telle manière que chacun des trois yeux terminaux soit situé, non au dessous du sarment, mais sur l'un de ses côtés, en ce que cette position ne gêne la pousse d'aucun œil, puis fixer ce sarment avec une fourche de bois.

Couvrir le sarment, dans la région des trois yeux terminaux, de 5 centimètres, et ailleurs, de 10 centimètres de terre bien pressée.

Quand les trois pousses terminales auront

près de 15 centimètres de hauteur, remettre dans la longueur de fosse qu'elles occupent, 5 centimètres de terre.

Si d'autres pousses que les trois pousses terminales sortent de terre, les détacher de leur lieu d'émission.

A partir de fin de juin, par un temps humide, et quand la terre elle-même est fraîche, trancher le sarment, tout près de la mère dont on verra, plus loin, qu'il peut alors se passer.

Le 1er octobre, rechausser de 5 centimètres de terre, les trois pousses terminales.

Jugeant les pieds formés par ces pousses, assez richement enracinés pour pouvoir se passer de l'aide qui leur est prêtée par le sarment, à partir du lieu de sevrage, les séparer, par une section, de ce reste de sarment, dont on débarrassera le sol.

Au printemps suivant, au plus tard, isoler les trois pieds, de la même manière.

Débarrasser de presque tout son vieux bois celui qui devra rester en place, puis combler la fosse.

Au système radiculaire des deux pieds à transplanter, faire pareille toilette.

Cela donnera un peu plus de peine que la sautelle actuelle.

2.

Par contre, au lieu d'un pied laissant à désirer, on aura trois pieds irréprochables, peut-être tous chargés d'une récolte.

Que disons-nous? En terre très féconde, on en aura de 5 à 10, en opérant d'après les prescriptions de l'article 17.

Partout où les vignes sont tenues basses et ne sont pas plantées trop serré, ces sautelles, perfectionnées au point merveilleux de ne pas causer à la mère plus de trois mois de véritable fatigue, seront faciles à établir, et grâce à elles, c'en sera fait du provignage.

XIII

SAUTELLE A BOUT FICHÉ EN TERRE.

On emprunte à un cep, sans l'en détacher, un sarment que l'on courbe, pour en ficher l'extrémité presque verticalement en terre, à une profondeur d'environ 20 centimètres.

Ce sarment, nous a dit M. Jules Guyot, mène à bien son fruit, et, de plus, quoiqu'il ait en terre, la tête à l'envers, s'enracine de manière à donner un très beau pied.

Dans deux jardins, et en terre très riche, nous avons essayé de cette sautelle sur cinq

ceps; mais, le 1er octobre, un seul des sarments
fichés en terre par son extrémité, s'était enraciné, et, cela si pauvrement, que son chevelu
consistait tout simplement en trois minces filets
de 5 centimètres de longueur.

Trois filets, c'est déjà quelque chose; mais,
en sol de médiocre qualité, les eussions-nous
vus se produire?

Ainsi donc, jusqu'à plus ample informé, nous
n'oserons recommander les sautelles de l'espèce.

En vérité, c'est dommage, car, si nous avions
abouti dans nos essais, nous les aurions consi-
dérées comme constituant un moyen bien expé-
ditif et bien économique de propagation de la
vigne.

Cependant, à quelque chose déception est
bonne.

En effet, cette absence de chevelu sur quatre
de nos sujets, est un des faits qui nous ont ex-
pliqué pourquoi, quand, dans la bouture Hudelot, non partiellement décortiquée, presque
toujours le gros bout émet des racines, le
petit bout n'en émet jamais.

XIV

SAUTELLE MULTIPLE CHAPELLIER.

En 1860, M. Chapellier, instituteur à Epinal, imaginé un bien ingénieux moyen d'obtenir de la sautelle, jusqu'à 20 plants.

C'est une découverte qui lui fait d'autant plus d'honneur, que nous lui devons d'avoir imaginé, seuls, la sautelle multiple décrite par l'article 12, et, avec M. Braconnot, la sautelle multiple décrite par l'article 15.

Or, ces deux dernières sautelles constituent un mode de couchage qui joint à l'avantage de de donner de nombreux pieds chargés de fruits, le mérite de ne pas fatiguer le cep-mère, pennant plus de deux mois, en terre de jardin, et de trois mois, en terre de guéret.

Au printemps, il choisit un sarment né dans l'année précédente, et en supprime la partie non aoûtée.

Il étend et maintient horizontalement ce sarment, à 20 centimètres au dessus du sol, au moyen d'un échalas.

Quand, après avoir poussé, les yeux sont devenus des tiges de 15 centimètres, il ouvre une rigole ayant la longueur du sarment, et présentant 10 centimètres de profondeur.

Il y couche le sarment, en redressant les tiges, le fixe à l'aide de fourches de bois, remplit la fosse, tasse la terre, et, cela fait, arrose.

Il laisse toutes les pousses se développer, sans en supprimer le fruit, et sans les pincer, mais en ayant soin de les attacher, pour les empêcher de traîner.

A la récolte, les pousses donnent une vendange égale en qualité à celle du pied-mère.

Enfin, au printemps, le sarment, séparé du pied-mère, offre les particularités les plus instructives.

Ainsi, sur dix tiges, sept ont, de la naissance de la pousse à la partie inférieure du bois qui la supporte, un chevelu plus ou moins riche.

Quant aux trois autres tiges, on les voit, en ce que le milieu du mérithalle s'est seul enraciné, à peu près nues, à leur base, ce qui ne les empêche pas de constituer des pieds qui, transplantés avec la partie chevelue du mérithalle, finiront par s'enraciner à la base, surtout si l'on décortique à la base du jeune bois.

Ici les puristes crieront; mais laissons-les crier, car, à les écouter avec faveur, on risquerait de ne pas trouver bons deux pieds sur dix.

Au reste, ayant planté un beau pied dépourvu de tout chevelu, nous verrons, au printemps prochain, ce qu'il aura fait.

C'est, parfois, en tentant ce qu'on croit impossible, qu'on obtient les résultats les plus importants.

Mais revenons à M. Chapellier.

Après l'arrachage, il isole les uns des autres tous les pieds obtenus; il supprime, de chaque côté, le plus possible de vieux bois, et il se trouve avoir sept plants l'emportant en aspect sur la bouture verticale, presque autant que le cep sur celle-ci, et trois plants dont il y a un bon parti à tirer.

Dans les jardins de MM. Collin et Sonrel, vice-présidents de la Societé de viticulture d'Epinal, deux maîtres de la science ont été mis en présence du système Chapellier, que nombre de praticiens suivent aujourd'hui avec un étonnant succès.

Le prémier de ces maîtres, M. Trouillet, l'a trouvé curieux, mais ne nous a pas dit si ses impressions lui étaient favorables.

Le second, M. le docteur Jules Guyot, a regardé avec admiration, puis s'est écrié avoir hâte d'informer le ministre, et n'avoir rien vu de pareil dans les 35 départements qu'il venait de visiter.

Cela entendu, nous avons beaucoup espéré pour M. Chapellier; mais, de là à ce jour, nous n'avons rien vu venir.

Si donc le bienveillant et savant professeur ne donne aucune suite à son admiration, c'est assurément par ce motif que, même réduit à un an seulement de durée, le couchage est une pratique à ne pas recommander.

Or, pensons-nous, il romprait ce silence, si, tombés sous ses yeux, nos articles 12 et 15 lui apprenaient que nous avons réduit impunément cette durée à deux ou trois mois, après avoir considéré que, une fois un peu enraciné, le sarment enterré doit pouvoir suffire seul aux besoins de ses pousses.

Après l'éloge, les objections dont nos articles 12 et 15 auront leur part, car, avant tout, nous aimons être justes.

1° Pour opérer, il faut un pied présentant, le plus près possible de terre, un sarment à enterrer.

Or, dans maintes contrées viticoles, le sarment le plus bas d'un cep n'est pas à moins de 50 à 120 centimètres du sol.

Or aussi, en bien des lieux, la vigne fait défaut.

Il est facile, dira-t-on, dans les localités de l'espèce, de se faire adresser des plants enracinés.

Oui, c'est facile.

Mais les plants coûteront cher; ils exigeront de grands frais d'emballage et de transport; ils risqueront d'avoir été mal habillés par la serpette; ils pourront dépérir pendant le voyage, et, enfin, mis en jauge, en attendant le moment d'être plantés, ils finiront peut-être par ne presque plus rien valoir;

2° Dans les vignes à plants serrés, l'espace, l'air, la lumière et le soleil manqueront à la multitude de pousses portées par le sarment enterré;

3° Lors de l'enfouissement, les jeunes et tendres pousses peuvent être rompues ou blessées;

4° Cet enfouissement constitue, pour elles, un changement de régime qui peut causer, dans la végétation, un temps d'arrêt plus ou moins long;

5° En ce qu'elles sont à moitié ou aux deux tiers enfouies dans le sol, les gelées tardives du printemps peuvent les détruire;

6° Il faut tordre le sarment, quand on l'abaisse, à 20 centimètres de hauteur, et le tordre encore quand on l'enterre, ce qui fait deux torsions, dont la dernière doit lui nuire;

7° Les racines, au lieu de s'émettre dans la région de la pousse, s'émettent, par malheur, assez souvent au milieu du mérithalle;

8° Trop peu profondément enraciné, le pied laissé en place peut être blessé par l'instrument aratoire;

9° Même malgré l'apparence du contraire, ce n'est pas sans la fatiguer que, pendant un an, on force la mère à mener à bien, outre sa charge normale, dix, quinze et vingt nourrissons qui, pendant leurs deux premiers mois d'existence, sont on ne peut plus exigeants.

Or, le fait se produira partout où la vigne est chétive;

10° Enfin, le système n'admet pas ce qu'il est de plus utile : la pépinière, à moins qu'on n'affecte une certaine étendue de terrain à la culture en lignes très espacées, de mères dont les produits seront vendus ou employés à former de nouvelles vignes.

Voilà bien des inconvénients dont, par bonheur, les plus graves peuvent être prévenus par les modifications énoncées aux articles 12 et 15.

XV

SAUTELLE MULTIPLE BRACONNOT, DEFRANOUX ET LERVAT.

Le 6 octobre 1864, nous avons annoncé à la Société de viticulture d'Epinal, notre intention d'apporter les modifications suivantes à la sautelle Chapellier.

1º Dès la taille du printemps, choisir un beau sarment de plus de 1 mètre ;

2º En retrancher la partie non aoûtée ;

3º Décortiquer 1 centimètre de bois sous l'œil, considéré dans la position verticale ;

4º Pour le cas où un des cinq pieds seulement, qu'en une vigne on doit chercher à obtenir, est destiné à rester en place, ouvrir une large fosse de 15 centimètres de profondeur ;

5º Pour le cas où l'on opère en vue de transplanter tous les pieds à obtenir, ouvrir une large fosse de 10 centimètres de profondeur ;

6º Si le sous-sol est mauvais, remplacer 15 centimètres de la mauvaise terre du fond, par la même épaisseur de bonne terre bien foulée ;

7º Coucher le sarment dans la fosse, de telle manière que chacun des yeux soit situé, non au dessous du sarment, mais sur l'un de ses côtés, en ce que cette position ne gêne la pousse d'aucun œil, puis fixer ce sarment avec une fourche de bois ;

8º Couvrir le sarment de 5 centimètres de terre bien pressée ;

9º Au commencement de mai, et, pour le cas où la gelée aurait détruit la récolte portée par la mère, déterrer le sarment, dont les yeux ne paraîtront pas avoir bougé, et, l'attachant à l'échalas, lui demander une récolte, comme on le fait dans la Saintonge ;

10º Pour le cas où la gelée n'aurait fait aucun mal aux fruits de la mère, faire de ce sarment assureur, un sarment reproducteur, en le laissant nourrir cinq de ses pousses ;

11º Quand les pousses ont 15 centimètres de hauteur, supprimer, si l'on veut, le fruit, et mettre dans la fosse 5 centimètres de terre bien pressée ;

12º A partir de fin de juin, par un temps humide, et quand la terre elle-même est fraîche, trancher, à 10 centimètres du cep, la partie non enfouie du sarment, car, alors, ses pousses se trouvent être suffisamment nourries par les racines du bois couché ;

13º Quand, après un assez court temps d'arrêt, les pousses se seront élancées à nouveau, les pincer ;

14º Le 1ᵉʳ octobre, combler la fosse.

15º Dès le 1ᵉʳ novembre, ou au printemps suivant, séparer, par une section, les uns des autres, tous les pieds obtenus.

16º Faire la toilette au système radiculaire de chaque pied, laissant en place celui qui est destiné à combler un vide, et transplantant ou vendant les autres.

Ainsi procéder sera, si la récolte du cep gèle, pouvoir s'assurer une récolte, et, par suite, s'assurer le plaisir de n'avoir pas, comme d'imprévoyants voisins, perdu le fruit de son travail.

D'un autre côté, ce sera, si les gelées tardives n'ont pas sévi, pouvoir employer le sarment assureur à produire 5 pieds qui, de la plus grande force et de l'enracinement le plus riche et le plus normal, seront en état de donner du fruit, dès la deuxième année de leur naissance, et ne risqueront pas d'être blessés par l'instrument aratoire, là où ils seront laissés en place.

Des gens comme il en est trop, pour le malheur du progrès, diront du système à deux fins, qui promet tant : *c'était connu, et, d'ailleurs, il n'est rien qu'on ne puisse attendre de la vigne.*

S'il en est réellement ainsi, répondrons-nous,

pourquoi ne fait-on partout, depuis longtemps, ce que nous proposons de faire?

On nous répliquera : *essayer n'est pas réussir.*

Eh bien, voici notre réponse.

La Société précitée ne nous ayant adressé aucune objection, nous avons fait part de notre projet à M. Braconnot jeune, jardinier à Epinal, qui, depuis quatre ans, pratique avec admiration le système Chapellier, et qui lui doit de pouvoir vendre chaque replant 50 centimes.

Or, au commencement de juin, nous avions conseillé à M. Braconnot de sevrer un sarment, le 10 juin, — un sarment, le 20 juin, — et un sarment le 30 juin.

Or aussi, M. Braconnot a répondu à notre annonce avoir fait tout ce qu'il lui était conseillé de faire, moins ce qui suit.

1º La décortication.

2º La profondeur à donner à la fosse.

3º Le remplacement de la mauvaise terre par de la bonne, en ce que toute la sienne est d'excellente qualité.

4º La suppression des raisins.

Là dessus nous nous sommes rendus dans son jardin où il a déterré devant nous trois longs sarments d'égale beauté, et séparés de la mère, le premier, le 10 juin, — le deuxième, le 20 juin, — et le troisième, le 30 juin.

Les 10, 12 et 15 vigoureuses pousses cependant pincées de ces sarments mesuraient, sur une longueur de 180 à 210 centimètres, de 10 à 15 millimètres de diamètre inférieur.

Aussi parfaitement que la mère, elles avaient fait parvenir leur raisin à maturité.

Bien plus, la plupart présentaient, sur la partie du bois où elles s'étaient émises, un chevelu prodigieux qui n'a pas son égal, à la base du chapon ou de la crossette.

Magnifique résultat!

En effet, le sarment reproducteur n'est courbé et abaissé qu'une fois, et, par suite, au lieu de deux torsions, comme dans la sautelle Chapellier, il n'y en a qu'une.

Le sarment n'a plus à être enterré avec des pousses délicates qu'on risque de meurtrir, ou qui peuvent être détruites par les gelées tardives.

Quand ces gelées viennent griller les tendres fruits du cep, les yeux endormis du sarment sont là pour venir remplacer la récolte détruite.

En terre riche, un terme à la fatigue de la mère peut être mis, dès le 10 juin.

Enfin, le plant laissé en place n'a rien à craindre, pour sa racine, de l'instrument aratoire.

Que sera-ce donc, quand, grâce à la décortication, l'enracinement sera partout normal?

Honneur et merci à M. Braconnot!

Terminons, en disant que louer notre intelligent coopérateur, n'est faire aucun tort à l'idée mère de M. Chapellier.

XVI

BOUTURE HORIZONTALE LERVAT.

Le 1er avril 1864, l'un de nous, M. Lervat, a eu l'heureuse idée de donner à la bouture Hudelot, le long réservoir de sève qui lui manque, et, en d'autres termes, de créer des plants ne coûtant presque rien, ressemblant le plus possible à des plants de semis, et pouvant donner du fruit aussitôt que la bouture verticale la mieux venue.

En conséquence, et sans nous arrêter à cette fâcheuse circonstance, qu'un séjour de six semaines au grenier avait desséché les sarments dont nous avions à disposer, nous avons pris, à tout hasard, six de ces sarments, pour notre essai.

Nous les avons débarrassés de leur partie non aoûtée, et nous leur avons ainsi donné une longueur de 1 mètre.

Quant à les décortiquer sous l'œil considéré dans la position verticale, nous n'y avons pas songé, et nous avons eu tort.

Nous les avons placés horizontalement dans une rigole de 10 centimètres de profondeur.

Ajoutons qu'en même temps, et, pour nous imiter, M. Gérardgeorge, d'Epinal, confiait, de la même manière, un pareil sarment à une terre légère très-riche.

Eh bien, les six premiers sarments, assurément trop profondément enterrés, ont émis : trois, une pousse unique très-belle, — un, deux pousses, dont une seule était belle, — et deux, trois pousses dont une seule était passable.

Quant au sarment de M. Gérardgeorge, on ne lui a laissé qu'une pousse qui est devenue plus belle et plus forte que la plus belle des pousses précitées.

Il va sans dire que toutes ces différences nous ont permis de constater ce fait important, que, conserver plus d'une pousse, est risquer d'avoir des pieds trop faibles, et par suite, de trop peu d'avenir, à moins qu'on ne les laisse deux ans en pépinière.

Une autre chose à noter, est que les pousses que nous avons pincées ont pris plus de corps et se sont plus tôt aoûtées.

Dès le 1ᵉʳ octobre, nous n'avons pu résister au désir de déterrer le sarment à pousse unique de M. Gérardgeorge.

Cette pousse unique était déjà aoûtée.

L'enracinement était magnifique, même autour des yeux morts.

Bref, nous avions un vigoureux replant de pinot, qui mesurait, à 3 centimètres de terre, un demi-centimètre de diamètre, et qui, immédiatement repiqué, aurait pu, dès l'an prochain, porter gaillardement du fruit.

Arrachés le 10 octobre, les trois sarments à pousse unique, enterrés en sol argilo-siliceux, ont donné trois pieds valant un peu moins que le précédent.

Ils étaient moins gros et moins richement enracinés, ce qui provenait, selon nous, de la demi-ténacité de la terre, du défaut de binages, de la profondeur de l'enfouissement, de l'exposition nord, et du contact étouffant de hautes plantes potagères.

Le sarment à deux pousses a donné un pied susceptible de porter du fruit, dans sa troisième année.

Quant aux deux sarments à trois pousses, ils ont donné des pieds qui pourraient bien ne pas porter de fruit avant quatre ans.

De tout quoi il ressort pour nous, que la bouture horizóntale Lervat est la bouture Hudelot, portée à sa plus haute puissance — que, cultivée sur couche avec une pousse unique, elle donnerait des replants magnifiques, — que, cultivée en pépinière dans une terre légère, riche, arrosée et binée, elle donnerait de beaux replants, — et que sur une maigre terre de guéret, elle ferait peut-être trop longtemps attendre du fruit, lors même qu'elle pourrait y être arrosée.

Nous allons la planter dès l'automne, dans l'espérance qu'elle subira en terre, une influence qui, équivalant à la stratification en cave, nous fera obtenir des pieds aussi beaux que celui qui nous a été présenté comme échantillon, par M. le docteur Jules Guyot.

XVII

BOUTURE LERVAT, AVEC SON PETIT BOUT FICHÉ EN TERRE.

A cause du peu de profondeur à donner à l'enfouissement, et des effets désastreux des sécheresses prolongées, là où l'arrosage est impossible, la bouture Lervat ne peut, dira-t-on, être étendue avec grand avantage qu'en couche ou dans une pépinière où de l'eau est facile à apporter.

C'est une demi-fin de non recevoir qui nous semble fondée, mais que nous tâcherons de rendre, sans raison d'être, pour le cas où la terre de guéret où l'on voudrait planter serait suffisamment fertile.

Ainsi, dès la taille du printemps, nous nous munirons d'un sarment bien aoûté, d'environ 80 centimètres de longueur.

Nous pratiquerons dans la ligne de plantation en plein champ, une large rigole de 15 centimètres de profondeur.

Nous supprimerons les boutons situés, dans la figure 1, entre les points C et D.

Considérant, dans la position verticale, chacun des deux yeux avoisinant le point B, nous décortiquerons sous l'œil, 1 centimètre de bois, afin de faciliter une émission normale de racines.

A une profondeur en diagonale, représentant au moins 20 centimètres de profondeur verticale, nous enfoncerons la longueur de sarment comprise entre C et D.

Nous étendrons, dans la fosse, horizontalement, le sarment du point A au point C, de telle manière que chacun des yeux soit situé, non au dessous du sarment, mais sur chacun de ses côtés, en ce que cette position ne gêne la pousse d'aucun œil.

Nous couvrirons cette partie horizontalement étendue, de 5 centimètres de terre.

Nous presserons cette terre de telle manière qu'il n'y ait aucun vide en dessus et en dessous des yeux du sarment, qui, sans cela, pouriraient ou ne s'enracineraient pas.

Nous détacherons de leur point d'insertion, au fur et à mesure qu'elles s'émettront, les tiges autres que les deux tiges avoisinant le point B.

Quand l'une des tiges convervées aura atteint 10 centimètres de hauteur, nous supprimerons la moins belle.

Quand la tige conservée aura 15 centimètres de hauteur, nous remettrons dans la fosse 5 centimètres de terre.

Quand cette tige sera trop haute, nous pincerons.

Avant le 1er novembre, nous débarrasserons, à droite et à gauche, par une section, le pied obtenu, de tout son vieux bois qui sera arraché.

Cette toilette finie, nous comblerons la rigole.

Que résultera-t-il donc de tout cela?

Au point D, l'enracinement sera nul ou presque nul.

Du point *C* au point *D*, nulle pousse ne s'émettra.

Grâce à la décortication, la région des deux yeux avoisinant le point *B* s'enracinera normalement.

Les points *A* et *C*, en s'enracinant aussi, nourriront les pousses avoisinant le point *B*, ou au moins leur procureront de la fraîcheur.

La suppression de l'une de ces pousses profitera à la croissance de l'autre.

Quand il y aura chaleur ou sécheresse excessive, les pousses voisines du point *B*, au lieu de languir, grandiront à vue d'œil.

En effet, espèce de syphon, la partie *DC* du sarment fera aller de *C* en *A* l'humidité qui, à 20 centimètres de profondeur verticale, fait rarement tout à fait défaut dans les parties non méridionales de la France.

Quand il y aura chaleur sans sécheresse, la chaleur agira de la manière la plus heureuse sur l'œil, sur la pousse en résultant, et sur l'enracinement.

Quand, après la sécheresse, il pleuvra, le point *AC* rafraîchira le point *CD*.

Bien grands, assurément, seront, en bonne terre de guéret, les avantages présentés par ce mode rationnel de plantation d'un champ en vigne.

Les sarments de bouture ne coûteront presque rien.

Ils pourront, sans risques, et à moins de frais que les plants enracinés, être envoyés dans les contrées sans vignes, ou à vignes dont les sarments inférieurs sont situés très-haut sur les ceps.

Expédiés après la taille de printemps, dès leur séparation du cep, ils pourront, sans inconvénient, être mis en jauge, en attendant la préparation du terrain qui leur est destiné.

Là où ils seront enterrés, ils se développeront avec plus de succès que la bouture verticale enfouie à 12 ou 15 centimètres seulement.

Il va sans dire que, même en pépinière, cette bouture dispensera le viticulteur de l'arrosage.

Il va aussi sans dire que c'est seulement après d'heureux essais qu'on l'emploiera en grand.

Quant à nous, nous espérons voir les boutons que nous enterrerons en novembre, donner, à la fin de l'an prochain, de magnifiques pieds.

Nous croyons à propos de conseiller d'essayer de ficher en terre, le gros bout, au lieu du petit bout du sarment.

La note 1 indique une autre manière de procéder, à laquelle il est impossible à la science de refuser son approbation.

XVIII

CURIEUX PHÉNOMÈNE.

Quand, sur un sarment couché d'après les prescriptions des articles 16 et 17, on supprime toutes les pousses d'aucune desquelles on ne veut faire sa tige unique, et après pouriture des yeux qui n'ont pu lever, quelque chose de bien inattendu se passe dans la terre.

En effet, normalement et richement enraciné, grâce à la décortication, chaque œil tranché ou pouri présente, dès le 15 octobre au plus tard, un sous-œil qui s'est déjà allongé en tige de 2 centimètres de longueur.

Le fait a été constaté par nous, le 6 octobre, devant M. Henry, secrétaire de la Société de viticulture d'Epinal.

Cela connu, on devra transplanter avec son beau chevelu, chaque sous-œil de l'espèce.

Respecté par l'hiver, il sortira de terre, dès les premiers jours de mai, pour présenter, en novembre, un pied qui, laissé en place ou immédiatement transplanté, portera peut-être du fruit dans l'année suivante.

Si l'essai aboutit, le meilleur moyen de former une pépinière de replants d'élite se trouvera découvert, car la force donnée au sous-œil par son enracinement en griffe d'asperge devra être extrême.

En conséquence, nous recommandons de toute notre force à la haute attention de la science, le phénomène intéressant dont nous avons été témoins.

Assurément, la science le connaît ; mais peut-être n'a-t-elle pas encore songé à indiquer les moyens d'en tirer un parti plus avantageux.

XIX

BOUTURE VERTE SUPPORTÉE PAR 50 CENTIMÈTRES DE SARMENT.

Nous avons pris à une treille trois sarments, portant, sur 50 centimètres de longueur, trois ou quatre pousses.

Nous ne leur avons laissé qu'une pousse, longue de 30 centimètres.

Nous avons décortiqué un centimètre de bois, contre la partie de la pousse qui regarde le gros bout du sarment.

Enfin, nous avons couché le sarment surmonté de sa tige unique, dans une fosse de 20 centimètres de profondeur, que nous avons remplie de terre bien pressée.

Dès le 1er octobre, nous avions trois beaux et vigoureux pieds qui, normalement enracinés, pouvaient, après section de presque tout leur vieux bois, être transplantés avec succès.

Laisser plusieurs pousses sur un sarment eût été vouloir obtenir des pieds médiocres.

Laisser à la pousse unique 8 centimètres seulement de sarment, n'eût pas été être beaucoup plus heureux.

Nous avons remarqué qu'après la plantation, il se manifeste un arrêt qui ne cesse que quand le sarment se trouve suffisamment pénétré par l'humidité de la terre.

La plantation avec bouture verte supportée par 50 centimètres de sarment, est quelque chose de précieux quand, en été, on trouve quelque part un cépage qu'on tient à avoir le plus tôt possible.

Par malheur, quand une vigne est soumise à la taille courte, un sarment de l'année précédente n'a jamais 50 centimètres de longueur.

Dans ce cas, on opérera d'après les prescriptions de l'article 20, du 15 juillet au 15 août.

Plantées à 10 centimètres de profondeur, dix boutures de l'espèce, privées, comme les précédentes, de tout arrosage, n'ont pas réussi.

3.

XX

BOUTURE PRISE EN VERT SUR UN SARMENT NÉ DANS
L'ANNÉE PRÉCÉDENTE.

Le 1er août, nous avons, non coupé, mais
simplement cassé, à leur base, six grosses
pousses vertes assez dures.

Par rabattage de leur partie supérieure, nous
leur avons donné une longueur de 45 centimètres.

Nous ne leur avons laissé, à la partie aérienne, que leurs tendres et courts entre-feuilles.

Nous les avons plantées à 20 centimètres de
profondeur, et ne les avons point arrosées.

Vingt-cinq jours plus tard, elles avaient un
large et épais feuillage, et, le 1er octobre, trois
avaient, à leur base, un beau chevelu de 3 à 4
centimètres de longueur.

Quant à celles qui n'ont pas été arrachées,
elles n'ont pas cessé de croître en beauté, et
une d'elles, retirée de terre, le 1er novembre,
avait un riche enracinement de 20 centimètres
de longueur.

Six pareilles pousses, plantées le même jour
que les précédentes, après avoir été dépouillées,

non-seulement de leurs feuilles, mais encore de leurs entre-feuilles, se sont comportées de la même manière.

C'est une méthode à suivre quand, en été, on trouve quelque part un cépage qu'on tient à avoir le plus tôt possible.

Que disons-nous? c'est une méthode qui, peut-être, donnerait en pépinière, sinon en plein guéret, pour l'automne de l'année suivante, de magnifiques et vigoureux pieds sans une parcelle de vieux bois, et, en d'autres termes, équivalant à un pied de semis.

L'hiver, dira-t-on, détruira ces belles boutures, en ce que leur partie aérienne n'est pas aoûtée.

C'est ce que nous saurons dans quelques mois, car nous ne songeons ni à les couvrir, ni à les déplacer, pour les mettre en serre, où elles continueraient certainement de faire merveille.

Cependant, admettons que l'hiver fasse bois sec de leur partie aérienne.

Si l'accident arrive, la partie enterrée restera peut-être intacte, et, dans ce cas, il sortira de terre une tige qui, alimentée par un riche et puissant système radiculaire, commencera, dès les premiers jours de mai, à faire merveille.

Ainsi donc, remettons au printemps prochain, la critique ou la louange.

XXI

BOUTURE ENTRE-FEUILLE.

Témoin de nos expériences, qu'il a toutes suivies et approuvées, M. Gérardgeorge a cassé devant nous un simple entre-feuille, de l'aspect et de la longueur d'une aiguille à tricoter.

Il l'a planté tel quel, à 20 centimètres de profondeur.

Instruits de notre essai, les amateurs se sont demandé si nous n'étions pas des fous, et vite, ont résolu la question d'une manière affirmative.

Cependant le feuillage de ce tendre et frêle sujet s'est élargi, et deux mois après la plantation, le système radiculaire était admirable.

Pour prouver combien peu Jupiter nous avait, dans ce cas, détraqué le cerveau, nous avons montré à tout venant, notre brillant élève, et, le voyant, les amateurs ont dit : *C'était connu.*

Oui, c'était connu ; mais aux praticiens qui n'en savaient rien, cela donne une idée de la facilité avec laquelle la vigne se reproduit.

XXII

BOUTURE DRAGEON.

Avec M. Gérardgeorge, nous avons détaché des racines sur lesquelles ils s'étaient émis, plusieurs drageons d'environ 10 centimètres de hauteur.

Repiqués, ces drageons se sont admirablement enracinés.

C'est encore une preuve de la facilité avec laquelle la vigne se reproduit.

XXIII

LA BOUTURE ENTERRÉE, ET LA BOUTURE A PARTIE AÉRIENNE.

Le couchage en terre d'un très long bout de sarment, est le mode de propagation de la vigne qui se rapproche le plus du semis de pépins.

En effet, après avoir été débarrassés de presque tout leur vieux bois, les pieds produits par les bouts de sarment horizontalement étendus en terre, forment, en quelque sorte, tant ils sont régulièrement constitués, des pieds venus de semis.

Ce couchage est même si prévu par la nature qui, remarquons-le bien, ne plante rien tout à fait verticalement, qu'en été, en binant, le vigneron déterre assez souvent, puis considère avec le plus vif intérêt, des bouts de sarments munis de tendres pousses avec rudiments de racines.

Après la bouture couchée en terre horizontalement, vient la bouture verticale entièrement enfouie, et protégée, au niveau du sol, par une poignée de terre, suivant les prescriptions de l'article 25.

Haute de 15 centimètres seulement, elle est, en sol de médiocre fertilité, de reprise très difficile, si elle n'y est ni plantée dans un apport de terreau, ni arrosée; mais haute de 17 à 25 centimètres, elle réussit assez souvent.

Après la bouture verticale enfouie, vient la bouture en arceau hors de terre, décrite par l'article 30.

Enfouie, dans la région du petit bout, à 30, et dans la région du gros bout, à 15 centimètres, elle nous semble promettre à peu près autant que la longue bouture horizontale enterrée.

Quant à la bouture verticale à 13 centimètres de partie enfouie, et à **7** centimètres de partie aérienne, elle ne réussit guère qu'en pépinière, sous le coup d'arrosoir.

En effet, d'un bout à l'autre de cette dernière partie, elle constitue une véritable cheminée d'appel de la gelée, de la pluie et de la chaleur.

Pour ne citer qu'un exemple, ces agents nuisent à ce point à sa partie aérienne terminée par une grave blessure, que, même munie d'un œil s'allongeant en tige, elle a souvent le côté opposé entièrement paralysé.

XXIV

LA BOUTURE VERTICALE DE LA SCIENCE.

Sans yeux intermédiaires, la bouture de la science a, pour base, un œil sans le moindre prolongement, et pour extrémité supérieure, un œil situé sous un mérithalle d'environ 10 centimètres de hauteur, mérithalle qui est coupé au milieu de sa cloison terminale.

A partir de 3 centimètres au dessus de l'œil, elle est entièrement enfouie.

Sur l'extrémité de sa partie enfouie, on répand une poignée de terre poudreuse.

Dans ces conditions, elle a, pour partie enterrée, 13 centimètres de longueur, et 7 centimètres de partie aérienne, ce qui porte sa longueur totale à 20 centimètres.

De plus, elle ne présente qu'un étage de racines.

Cela est beau sur le papier, mais bien embarrassant dans la pratique.

Ainsi, que ferons-nous d'un sarment où les mérithalles seront distants les uns des autres, de 5 ou de 30 centimètres?

En effet, dans l'un de ces deux cas, nous ne pourrons tailler que des boutures ou trop courtes, ou trop longues.

Or, les boutures trop courtes ne pourront réussir qu'en serre ou sur couche, et les boutures trop longues auront à être enterrées à une profondeur d'environ 33 centimètres, profondeur que la science déclare retarder de beaucoup la production, bien que nous ayons vu des boutures enfoncées à 50 centimètres donner du fruit, dès leur deuxième année.

La science donne, pour base, à la bouture, un œil sans prolongement.

Mais, hélas! elle supprime ainsi le lieu de naissance des racines, en même temps qu'elle force la bouture à demander peut-être en vain du chevelu au prolongement de l'œil supérieur.

Ah! que, dans ce cas, un œil intermédiaire aurait été utile!

Oui, l'œil enfoui met la bouture dans les conditions d'une semence; mais nous ne voulons pas de la cheminée d'appel constituée par la partie aérienne.

En vérité, étendue par la science sur ce qu'on peut appeler : *le lit de Procuste*, la bouture est bien malheureuse.

Que dirons-nous? En réglementer avec cette sévérité le nombre d'yeux, la section sous un œil, la section au dessus d'un autre œil, et l'enfouissement est comme poser des règles dont l'observation est impossible.

C'est même proclamer, pour ainsi dire, que le chapon est l'élément de propagation de la vigne que la nature admet le moins.

Si seulement le chapon tel qu'il vient d'être décrit était du goût de tous les maîtres, nous serions des disciples moins défiants; mais, par malheur, nous avons entendu un professeur nous dire que le chapon n'est pas ce qu'il aime, en ce qu'il peut être la proie des vers ou des insectes, et surtout produire, par suite de la pouriture de la moelle, la coulure et les plants de mauvaise venue.

En pareille occurrence, que ferons-nous?

Eh bien, faute de savoir si les vers, la moelle et le chapon commettent réellement les méfaits qui leur sont imputés, nous nous contenterons de proposer, pour le chapon, les modifications les plus susceptibles, selon nous, de le rendre à peu près irréprochable.

XXV

MODIFICATIONS PROPOSÉES POUR LE CHAPON.

Laissons là, pour parler du chapon en géuéral, le chapon de la science, que, malgré notre haute estime pour le savant qui le glorifie, nous avons dû sacrifier en partie au besoin de propager la vigne d'une manière à la fois rationnelle et facile.

Or, au chapon en général nous reprochons :

1° De ne pouvoir être facilement façonné de manière à fournir un seul étage de racines.

2° D'avoir pour base un bois tantôt coupé immédiatement sous l'œil, au dessus du lieu de naissance des racines, et tantôt écorcé ou taillé en biseau, au lieu de simplement dépouillé de son tissu textile.

3º N'ayant pas plus de 20 centimètres de longueur totale, de former un trop court réservoir de sève, d'être de reprise très-difficile, et de montrer peu de vigueur.

4º D'avoir, à son extrémité aérienne, une blessure constituant une cheminée d'appel de la gelée, de la pluie et de la chaleur excessive.

5º S'il est long, de moins valoir, avec deux tiges aériennes, qu'avec une.

6º D'offrir une tige perchée à toujours sur un bois plus vieux qu'elle d'un an.

7º De ne pouvoir s'enraciner assez vite et assez richement, à cause de son besoin de tâcher, avant tout, de neutraliser de son mieux l'action si fâcheuse des agents atmosphériques.

8º N'ayant que 20 centimètres de longueur totale, d'être enfoui à une trop faible profondeur, pour pouvoir lutter avec succès contre les agents précités.

9º Ayant une longueur enfouie de plus de 35 centimètres, de présenter par trop d'étages de racines.

10º S'il est planté en plein champ, sans un seul œil intermédiaire, et avec son œil supérieur enterré, de donner un pied trop susceptible d'être arraché par l'instrument aratoire, à cause du peu de profondeur de l'enfouissement.

11° S'il est planté en pépinière, d'exiger trop de soins d'arrosage.

Que faudrait-il donc faire, pour rendre le chapon irréprochable?

Tout simplement lui donner au moins 70 centimètres de longueur; décortiquer de la manière à laquelle nous recourons, près de plusieurs de ses yeux; le coucher horizontalement en terre, et ne conserver que la plus belle des pousses émises par les yeux à côté des quels la décortication aura eu lieu.

Cependant, le chapon étant vieux comme la vigne, et la science elle-même y tenant beaucoup, voici comment nous tâcherons de le perfectionner.

Ainsi, bien convaincus par l'expérience qu'un enfouissement à 25, 30 ou 35 centimètres, selon le degré de consistance du sol, retarde infiniment moins qu'on ne le dit la production, et non moins convaincus que, sur ces trois longueurs, deux ou trois étages de racines ôtent à la vigne bien peu de sa vigueur et de sa durée, nous donnerons au chapon, pour la terre tenace, au moins 17, — pour la terre demi-tenace, au moins 21, — et pour la terre très-légère, au moins 25 centimètres de longueur.

Par suppression des yeux intermédiaires qui,

s'ils émettent des sous-yeux, les émettront tard, nous ne lui laisserons qu'un œil au gros bout, et qu'un œil au petit bout, à 2 ou 3 centimètres au dessous de la taille, selon le degré de consistance du sol.

Nous décortiquerons 1 centimètre de sa base coupée au moins à 2 centimètres au dessous d'un œil, et, cela, pour hâter la venue et augmenter l'importance du système radiculaire pour lequel nous ne craignons nullement l'attaque de la moelle par la pourriture, les vers et les insectes.

Nous enfoncerons tout le bois dans le sol.

Nous presserons, contre toute sa longueur, très fortement la terre, car une bouture enchambrée est souvent une bouture perdue.

Sur la partie supérieure du bois, partie qui ne dépassera pas le niveau du sol, nous répandrons une poignée de terre légère.

Bien des effets utiles résulteront de tous ces soins.

L'œil supérieur et la blessure qui le surmonte seront protégés contre les agents atmosphériques, d'abord par leur enfouissement, puis par la poignée de terre poudreuse.

Par le canal médullaire, les deux yeux conservés se trouveront en communication merveilleusement facile avec leur nourrice : la terre.

Leur long réservoir de sève, en s'enracinant très promptement, leur procurera sans cesse des vivres et de la fraîcheur.

Enfin, l'œil supérieur, perché sur une bouture dont les deux extrémités se trouveront placées dans les conditions de végétation les plus favorables, fera office de semence.

Et si, des yeux intermédiaires supprimés il sort du chevelu, que fera-t-on?

Quant à nous, sans crainte de sembler commettre une hérésie, nous opinons pour qu'on le conserve.

En effet, nous espérons le voir apporter, de la partie la plus fertile du sol, une excellente nourriture au pied, et si l'étage subséquent le nourrit trop mal, le remplacer.

Cela entendu, combien haut vont crier tous ceux qui tiennent à leur marotte, ou que Dieu lui-même ne contenterait pas, si, prenant notre forme, il venait incognito faire la lumière!

Ici, comme partout ailleurs, diront-ils, vous nous promettez des produits beaux, il est vrai, mais nés dans des conditions telles qu'ils portent dans leur sein un germe de faiblesse qui tournera bientôt en mort.

Facile à énoncer, le fait est, par bonheur pour nous, difficile à prouver.

Au reste, un cep puissant, né d'un entre-feuille, d'une pousse verte, d'un drageon, d'un œil ou d'un sous-œil, est aussi destiné par la nature, à briller et à vivre, que pareil cep issu de pepin.

C'est notre idée, et, pour nous y faire renoncer, il faut nous opposer plus que de simples assertions, trop fréquentes dans les livres.

XXVI

LE MAILLOT OU CROSSETTE.

Le maillot ou crossette est une bouture à talon de vieux bois.

Le maillot proprement dit repose au milieu d'un vieux bois d'environ 10 centimètres de longueur.

Même profondément enterré, il tarde plus à se couvrir de verdure que le chapon, en ce que sa base, qui est très dure, est difficile à pénétrer entièrement par l'humidité de la terre.

Quant à la crossette proprement dite, elle repose simplement sur une épaisseur de moins de 2 millimètres de vieux bois.

Or, en ce qu'elle est taillée dans la partie la moins fertile et la moins précoce du sarment, la science ne l'admet pas.

Quant à nous, nous lui reprochons :

1° De représenter, vers son extrémité supérieure, une cheminée d'appel des agents atmosphériques ;

2° De former, par son peu de longueur, un réservoir insuffisant de sève et de fraîcheur ;

3° D'être longue à pousser, à cause de la presque impénétrabilité de sa base ;

4° D'être de reprise très difficile, en ce qu'elle n'est enfouie qu'à 10 ou 11 centimètres ;

5° D'offrir une tige perchée sur un bois plus vieux qu'elle, ici d'un an, et là de deux ans ;

6° Si elle est plantée en plein champ, à peu de profondeur, d'être facilement arrachée par l'instrument aratoire ;

7° Si elle est plantée en pépinière, d'exiger trop de soins d'arrosage ;

8° S'il s'agit de former une vigne, d'obliger le planteur à trancher dans le vieux bois, pour se la procurer, et à employer un temps infini à la façonner de la manière artistique prescrite.

Malgré tous les soins possibles, nous n'avons

pu mener à bien, dans nos jardins, plus de quatre crossettes sur vingt.

Nombre de nos amis n'ont pas été plus heureux que nous.

Enfin, un éminent viticulteur, M. Georges, de Ravenel, près Mirecourt, a vu 25 crossettes seulement, sur 500, réussir en plein champ, ce qui a fait dire à son vigneron : *après cela vous viendrez encore nous vanter les nouveautés.*

Assurément, si les maîtres n'ont à recommander au vigneron que la crossette et le chapon confectionnés et plantés selon leurs indications, cent fois mieux vaut pour lui continuer d'enfoncer en terre sa bouture, à 50 centimètres, et même à 1 mètre de profondeur (2).

XXVII

BOUTURE SUR RAMEAU DE VIEUX BOIS.

Des vignerons couchent en terre, enraciné ou non, un fragment de cep portant un sarment dont ils font sortir verticalement le bout hors du sol.

Ce bout émet des tiges et donne de bonne heure du fruit.

C'est faire du neuf avec du vieux.

4

C'est porter le maillot à sa plus déplorable puissance.

C'est aussi susciter la pousse, sur vieux bois, de chevelus et de drageons prenant tant de sucs au sol fâcheusement encombré, que, très-beau dans ses premières années, le cep obtenu sera bientôt atteint d'une vieillesse anticipée.

Décrire une pareille bouture est en faire justice.

XXVIII

LA BOUTURE VERTICALE DU VIGNERON.

Pour décider le vigneron à suivre ses conseils, le disciple de la science arrose et bine incessament, et, quand il a mené à bien, sur un riche terrain, sa courte bouture verticale, il appelle le bonhomme à constater son tour de force.

Le vigneron admire, puisqu'on veut qu'il admire; mais, revenu sur son domaine, il s'en tient à sa longue bouture qu'il enfouit verticalement, ici à 50 centimètres, et là à 1 mètre de profondeur, non le 15 mai, mais à partir de la taille.

Il est fou, dira-t-on, car, à partir de 35

centimètres de profondeur, sa bouture perdra tôt le peu de chevelu qui se sera émis, et la pouriture qui s'en suivra fera périr ses ceps.

Mais écoutez un peu, avant de le traiter ainsi.

Si le terrain est passable, tous ses sujets croissent avec rapidité, et, dès l'année suivante, un sur trois donne du fruit que nous avons voulu voir, pour croire au prodige, car, de par la science, nous leur avions défendu de fructifier avant cinq ans.

Vingt ans après avoir ainsi planté contre les règles, il ne s'aperçoit pas que sa vigne ait vieilli.

Priez-le d'expliquer ce succès.

Il répond simplement : *C'est la coutume; cela me donne peu de peine; cela me coûte peu, et, au bout du compte, cela me réussit.*

Nous qui n'ignorons plus les causes du peu de chances de réussite à espérer de la plantation en plein champ, des boutures des maîtres, nous allons dire pourquoi, sans apports de terreau et sans soins d'arrosage, il aboutit à ce point.

Eh bien, à cause de son profond enfouissement, — à cause du tube si long qu'elle représente, — et à cause des nombreux nœuds qui,

en elle, constituent de nombreux réservoirs d'é-
léments de végétation, la bouture du vigneron
renferme :

1º Assez de sève pour nourrir la partie aérienne, qui elle-même est assez longue ;

2º Assez de cloisons pour ne pas être trop
librement pénétrée par les agents atmosphériques ;

3º Assez de fraîcheur pour que l'enracinement se produise avec facilité.

Aussi, devant de pareils résultats, n'oserons-
nous conjurer le vigneron de prendre même
notre ours, et nous bornerons-nous, à son
égard, aux mots suivants :

Si vous craignez la dépense, plantez en terre
préparée par la charrue Dombasle, suivie de la
défonceuse.

Si vous ne craignez pas la dépense, plantez
en terre de sous-sol, placée sur celle du sol.

Si vous voulez, pour votre bouture, un riche
étage de racines, à 20 centimètres en terre,
décortiquez à cet endroit, au lieu de taillader.

Visez à une pousse unique fournie par un
œil couvert de 2 ou 3 centimètres de terre poudreuse.

N'enfouissez pas votre bouture à beaucoup
plus de 25 centimètres de profondeur, si d'heureux essais vous le permettent.

Si vous voulez la voir émettre de bonne heure sa pousse unique, continuez de planter dès la taille, et, par suite, ne plantez pas en mai, comme le veut la science, car une bouture qui pousse tard vaut peu de chose.

Gardez-vous d'employer des sarments, soit trempés, soit desséchés.

Visitez vos sujets fréquemment, dans le but d'en rendre la végétation normale.

Binez de temps en temps, et, s'il le faut, pincez.

Quatre autres choses sont bonnes à connaître, au dire de la science :

1º Voulant une vigne fertile, empruntez vos sarments à une vigne fertile de quatre à dix ans d'âge, bien que nous ne repoussions pas, pour notre compte, les beaux et vigoureux sarments d'une vigne de vingt ans ;

2º Préférez à tous les autres, les sarments qui ont porté du fruit, et, dès la vendange, attachez un signe à ceux-ci ;

3º Dans un sarment, les parties aoûtées les plus éloignées du vieux bois, sont les plus fertiles ;

4º Dans un sarment, les parties aoûtées les plus éloignées du vieux bois, sont les plus précoces.

Quant à nous, nous avons vu des boutures avec pellicule de vieux bois, à leur base, donner, quand elles avaient pris beaucoup de vigueur, du fruit dans leur troisième année.

XXIX

LA BOUTURE MI-VERTICALE ET MI-HORIZONTALE.

Au jury voyageur de la Société d'émulation des Vosges, jury dont l'un de nous faisait partie, M. Burnel, maire à Bouxurulles, a montré une vigne de l'année, — une vigne de l'année précédente, — une vigne entrant dans sa troisième année, — et une vigne de sept ans.

Pendant un labour à la charrue Dombasle suivie de la défonceuse, il avait, avec une extrême rapidité, planté, dès la taille du printemps, ces quatre vignes, à l'aide de sarments de 70 à 80 centimètres de longueur.

Dans la première vigne, les boutures, dont pas une n'avait manqué, poussaient avec une vigueur étonnante.

Dans la deuxième, les ceps avaient acquis, sous le pincement, une robusticité si grande, qu'ils étaient pourvus des bras qu'il faut pour cultiver la vigne sans échalas.

Bien mieux, un sur trois portait du fruit.

Dans la troisième, les ceps étaient si vigoureux, si gros, si couverts de feuilles d'un vert magnifique, et si chargés de raisins, qu'on leur eût donné six ans d'âge.

Dans la quatrième, on avait devant soi, ce qu'il est de plus beau, en fait de bois, de feuillage et de fructification.

Expliquez ce prodige, a dit à M. Burnel, le jury émerveillé.

Eh bien, a-t-il répondu, j'ai couché horizontalement, à 15 centimètres de profondeur, 50 centimètres de longueur de chaque sarment.

Cela fait, j'ai redressé, le plus verticalement possible, les 30 centimètres non enterrés.

J'ai dû, à cette longueur d'enfouissement horizontal, de voir mes boutures ne jamais plus prospérer que quand la sécheresse était excessive.

Aussi, étonnés de me voir chercher à transformer ainsi, au prix de moins de vingt francs de main-d'œuvre, en une vigne opulente, vingt ares de terrain, qui ne me coûtaient pas 40 francs, mes voisins ont-ils ri de mes premiers essais.

Aujourd'hui, au lieu de rire, ils suivent mon exemple.

La science, dites-vous, est convaincue que

des vignes ainsi plantées ne durent pas longtemps, à cause de la longueur de leur enracinement.

Qu'elle se rassure! Mes vignes vivront plus
longtemps que le plus jeune de mes enfants.

N'êtes-vous pas d'avis, lecteurs, que le vigneron n'a pas toujours aussi tort qu'il en a l'air,
car, si M. Burnel eût planté là, à 12 centimètres
de profondeur, des chapons ou des crossettes,
et surtout, s'il ne les eût pas plantés avant le
15 mai, eussions-nous eu à admirer tous ses
ceps, qui, dit-il, s'ils perdent leur chevelu vers
leur extrémité enterrée, s'enracineront d'autant
mieux à la partie voisine de celle qui vit à
l'air?

XXX

BOUTURE EN ARCEAU HORS DE TERRE.

Comme aucune bouture verticale n'est, à l'extrémité de sa partie aérienne, sans une blessure
faisant beau jeu à l'action délétère des agents
atmosphériques, nous en avons imaginé une où
ce grave inconvénient est supprimé, et dont
nous essaierons ainsi, dès le printemps prochain.

Nous prendrons un sarment de 75 à 80 centimètres de longueur.

Nous lui ôterons, figure 2, dans la région *ED*, et dans la partie à enfouir, tous ses boutons, sauf celui du point *A*.

Ce sera l'empêcher de développer des pousses nuisibles à la végétation à obtenir en *B* et en *C*.

Nous décortiquerons le prolongement inférieur de l'œil situé immédiatement au dessus du point *A*.

Ayant courbé le sarment, nous enfoncerons à 30 centimètres, le petit bout *E*, qui, soit dit en passant, ne s'enracinera pas, et à 15 centimètres, le gros bout *A*.

Au point *A* il se produira un abondant chevelu.

De *B* à *D* il partira plusieurs pousses.

Comme il est rationnel de viser à une pousse unique le plus rapprochée possible de terre, la pousse *B* sera conservée comme telle.

Du point *A* et du point *E* s'émettra, pendant la sécheresse, une fraîcheur très favorable à la pousse *B*.

Toute la partie aérienne de la bouture aura l'immense avantage de ne donner aucune prise aux agents atmosphériques, et, de là, chance de croissance plus rapide.

4.

Dès octobre, on coupera la bouture au milieu de l'œil *C*.

Ainsi allongée et plantée, dès la taille de printemps, la crossette à mince talon de vieux bois nous paraît devoir mieux réussir que dans sa forme actuelle.

Dans l'intérêt si capital d'une prompte extension des cultures viticoles, nous nous garderons bien de terminer ce dernier article sur la bouture, sans exprimer un regret profond de voir les maîtres en désaccord, admettre uniquement, l'un le chapon, et l'autre la crossette, et se refuser à reconnaître qu'il est de nombreux cas où l'enfouissement à 10, 12 ou 14 centimètres seulement amène un résultat fatal.

En conséquence, qu'ils transigent ensemble et avec nous!

En effet, mieux vaut voir un principe fléchir que la vigne périr.

XXXI

NOTRE PLUS IMPORTANTE ANNONCE.

Nous avons vu plusieurs boutures plantées verticalement, en fin d'octobre, présenter, dès le printemps suivant, des rudiments de racines et de pousses, et, à partir de fin d'octobre suivant, fournir de vigoureux pieds, bons à transplanter immédiatement.

Nous avons également vu des lianes de chèvrefeuille, enterrées horizontalement, à 5 centimètres de profondeur, le 1er novembre, présenter, au printemps, des racines et des pousses qui se sont comportées si vaillamment, que le planteur s'est écrié : *En vérité, j'ai, pour le chèvrefeuille, comme pour la vigne, gagné une année.*

Or, ce que font les lianes de chèvre-feuille, les sarments le feront, et voilà, pour procéder à la formation d'une pépinière, un moyen bien préférable à la stratification proprement dite, qui nous force à vaquer péniblement et dispendieusement aux soins minutieux et parfois impossibles qui suivent.

1o En novembre, après avoir recueilli dans la vigne, les sarments qui, très-vigoureux, ont porté le plus de fruits, les débarrasser de leur partie non aoûtée et de leurs vrilles, et les façonner en boutures.

2o Creuser une fosse.

3o Y coucher les sarments en lits séparés les uns des autres par plusieurs centimètres de terre.

4º Empêcher, sur ces lits, un sarment de toucher l'autre.

5º Déterrer les sarments, dans la première quinzaine de mai.

6º En retirant les sarments, n'offenser ni racines, ni pousses.

7º Mettre les sujets obtenus en pépinière soigneusement préparée, à l'instant même, pour empêcher les jeunes racines de périr.

8º Les arroser fréquemment.

9º Biner souvent.

10º L'hiver venant, soit protéger les pieds par un paillis, soit les déterrer, pour les faire séjourner, de là au printemps, dans du sable, à la cave.

11º Au printemps, les remettre en pépinière.

Quant à nous, imitons mieux la nature, en essayant, en automne, de la plupart des procédés recommandés par ce travail, pour les plantations du printemps.

Si nous aboutissons, celles-ci n'auront presque plus de raison d'être, et, dès lors, quelle révolution nos succès ne causeront-ils pas dans l'art de propager la vigne!

En effet, dès fin d'octobre, la chaleur n'étant plus à craindre, on pourra observer à peu près strictement les règles édictées par la science, pour la profondeur à donner à l'enfouissement de la bouture, et tomber ainsi d'accord avec elle.

Le printemps venu, la douce chaleur de mai hâtera l'enracinement, et les fortes chaleurs de l'été ne pourront rien contre des pieds qui, alors, iront chercher, par leurs racines, de la fraîcheur et des sucs alimentaires, à une profondeur d'au moins 30 centimètres.

Dès fin d'octobre, ces pieds à la fois magnifiques et aoûtés pourront être immédiatement tirés de la pépinière, pour être transplantés.

Que disons-nous? Plantée en place, en terre de guéret, même médiocre, la bouture viendra si bien, qu'il cessera d'être besoin d'élever des plants en pépinière.

Un succès, nous dit-on déjà, n'aura rien d'étonnant, et rien de méritoire, car les deux faits sur lesquels vous vous fondez sont ce qu'il est de plus connu de tout praticien avancé.

D'accord, répondrons-nous; mais il n'en est pas moins vrai que pas un praticien, sur dix mille, n'en tire parti, et qu'à cet endroit, les livres du jour ne recommandent rien (3).

CONCLUSION

Si, dans le cours de ce travail, il nous est arrivé de blesser quelqu'un, c'est sans le vouloir, car le désir de voir s'étendre la culture de la vigne nous a seul inspirés.

En conséquence, puissent les promoteurs des pratiques que nous n'approuvons pas entièrement ne voir en nous que des disciples désireux de susciter des essais qui mettent la science à même de devenir à peu près infaillible !

Or, comme moyens rationnels de propagation de la vigne, celle-ci n'a encore qu'à nous mettre en demeure d'opter entre le chapon de M. le docteur Jules Guyot, et la crossette de M. Trouillet, c'est-à-dire, entre deux boutures, qui, enfoncées, en plein champ, à la profondeur prescrite de moins de 15 centimètres, réussissent rarement.

Encore quelques lignes, car ici les idées viennent en foule à notre esprit.

Nous voulons voir, disent nos contradicteurs, la bouture verticale mise à même d'imiter la semence étendant sous le sol, à peu de profondeur, ses rudiments de racines, et, à l'air, sa tige, ce qui implique, pour la bouture, un enfouissement à 10 centimètres seulement.

Rien de plus juste, si, ne vous imitant pas, on opère, non en mai, mais à la même époque que la nature, qui, soit dit en passant, perd, par sa manière de semer et d'enterrer, de prodigieuses quantités de semences.

Cependant, notez, pour nous en tenir un compte immense, que l'enfouissement demandé par nous, pour la bouture qui a le plus d'avenir, c'est-à-dire pour le sarment plus ou moins long étendu horizontalement en terre, est de 5 centimètres seulement!

Mais, comment la graine semée par l'arbuste ou par l'arbre arrive-t-elle à émettre racines et tige?

Amollie par son contact avec la terre, couverte de feuilles, et légèrement fixée au sol par le peu de terre que lui procurent la pluie et le dégel, elle émet, à la saison du printemps, des rudiments de racines et de tige, grâce auxquels elle résiste aux chaleurs subséquentes, et parvient à s'aoûter assez tôt pour résister à l'hiver.

Evaluant à 2 centimètres cet enfouissement naturel des semences de vigne, de chêne ou de hêtre, par exemple, enterrons donc : 1º cent graines, à 2 centimètres; — 2º cent graines, à 3 centimètres; — 3º cent graines, à 4 centimètres.

Assurément, nous obtiendrons plus de sujets du troisième semis que du deuxième, et plus du deuxième que du premier.

La raison en sera, qu'au lieu de contrarier la nature, réduite à simplement agir par la chute des feuilles, par les agents atmosphériques et par la circulation des petits animaux et des insectes, notre main, dans les deux derniers des trois cas précités, lui sera très puissamment venue en aide.

En conséquence, ne sommes-nous pas autorisés à faire, pour la moins naturelle des boutures, la bouture verticale, ce que nous venons de faire pour la graine?

Autre observation!

Dès l'automne, la nature commence à préparer la graine à une facile transformation en petit arbre, et votre œuvre à vous, commence au plus tôt , le 1er mai, époque où la chaleur peut déjà dessécher, en peu de jours, les 10 centimètres de terre où vous logez la bouture verticale, bois dur qui a besoin de tant de fraîcheur pour s'amollir et s'enraciner.

Par la stratification préalable en fosse, *dont la profondeur est extrême, au moins pour les premiers lits de boutures,* vous tâchez parfois, il est vrai, d'imiter la nature au nom de laquelle vous nous parlez si impérativement; mais, est-ce que celle-ci, après avoir employé l'automne et l'hiver à préparer la graine, se met, comme vous, en mai, par repiquage, à la placer, plus ou moins mutilée, dans un autre milieu?

Aussi, en plein champ, où vous ne pouvez suppléer, par l'arrosage, au manque absolu de fraîcheur, perdrez-vous les neuf dixièmes de vos malheureux sujets, tandis que les nôtres, assez profondément logés pour pouvoir se passer d'une pluie artificielle, réussissent tous, en ce qu'ici nous sommes venus en aide à la nature, par un autre genre d'arrosage : l'enfouissement plus profond que le vôtre.

Mais les semailles agricoles elles-mêmes ne résolvent-elles pas la question contre vous?

En effet, celles d'automne donnent de bien meilleurs résultats que celles de printemps.

Les arbres fruitiers ne nous instruisent pas moins à l'endroit de la vigne, car, dans nos terrains d'Epinal, les uns siliceux, et les autres argilo-siliceux, nous avons perdu la plupart des sujets plantés jusqu'au mésophyte exclusivement.

En conséquence, messieurs de la science, le meilleur pour vous, nous semble être, non de noyer la contradiction dans des flots d'encre, car ce serait peut-être noyer le progrès, mais de tâcher, par des essais, d'aboutir mieux que nous, et surtout de supplier le gouvernement de charger une Commission de se livrer, en la matière, à des études qui, heureuses, seraient, sur la prospérité nationale, d'une incalculable influence, en ce qu'elles formeraient le couronnement des importantes constatations qui sont dues à M. le docteur Jules Guyot.

NOTES

Variante du procédé décrit par l'article 17.

(1) Si l'on trouve trop long ou trop peu sûr d'opérer d'après les prescriptions de l'article 17, procéder, dès la taille du printemps, de la manière suivante :

1° Donner à un sarment débarrassé de sa partie non aoûtée:

Pour une terre de haute fertilité, une longueur de 60 centimètres.

Pour une terre fertile, une longueur de 70 centimètres.

Pour une terre de fertilité moyenne, une longueur de 80 centimètres.

Pour une terre peu fertile, une longueur de 90 centimètres.

Cela, soit dit en passant, ne nous empêchera pas d'essayer d'employer des sarments de 35, 40, 45, 50, et 55 centimètres de longueur.

2° Pour concentrer l'émission des pousses, supprimer tous les yeux, moins les deux du milieu du sarment.

3° Pour obtenir des racines normalement situées, décortiquer, de la manière que nous l'entendons, 1 centimètre de bois, immédiatement sous chacun de ces deux yeux considérés dans la position verticale.

4° Ouvrir une large fosse, de 15 centimètres au moins de profondeur.

5° Etendre horizontalement le sarment dans la fosse.

6° Combler la fosse, excepté dans la région des deux yeux occupant le milieu du sarment.

7° Mettre sur ces deux yeux 4 ou 5 centimètres de terre bien tassée.

8° Pour avoir une magnifique pousse unique, supprimer la moins belle des deux pousses qui s'émettront.

9° Quand la pousse conservée aura 15 centimètres de hauteur, la rechausser de 5 centimètres de terre.

10° Si cette pousse doit rester en place, faire, à la fin d'octobre, la toilette à son système radiculaire, sans trop la déranger.

11° Arracher tout le bois qu'on en aura séparé.

12° Combler la fosse.

Infiniment supérieure à la meilleure bouture verticale connue, cette bouture, à la fois excellente pour la plantation en pépinière, en ce qu'elle n'exigera pas l'arrosage, et pour la plantation en place, en ce qu'elle n'exigera pas d'apport de terreau, offre seule à notre avis, la solution depuis si longtemps cherchée de la propagation la plus rationnelle et la plus économique de la vigne, en terre non argileuse tenace.

En effet, elle élève à leur plus haute et à leur plus normale puissance la bouture horizontale Hudelot, dont la chute a fait autant de bruit que l'apparition, et la bouture mi-horizontale et mi-verticale, qui, décrite par l'article 29, pousse avec tant de vigueur.

Que ne vaudra-t-elle pas, ou plutôt quelle révolution elle fera dans l'art de propager la vigne, si, plantée, en fin d'octobre, de la manière précitée, elle a, dès le printemps, une végétation suivant de près celle des ceps !

La crossette.

(2) Dans la crossette, la partie qui adhère au vieux bois est si dure, que nous ne voyons pas pourquoi on ne supprimerait pas celle-ci.

Plantations d'automne.

(3) Un grand mérite des plantations d'automne serait d'avoir lieu, à l'époque où il y a moins de travaux à exécuter qu'au printemps.

Au reste, nous apprenons, en ce moment, que l'agronomie latine recommande de planter d'octobre à décembre, dans les terres non humides.

FIN.

Paris, publicité, rue Cassette, 17. — Mirecourt, imp. Humbert.

FIGURE 1

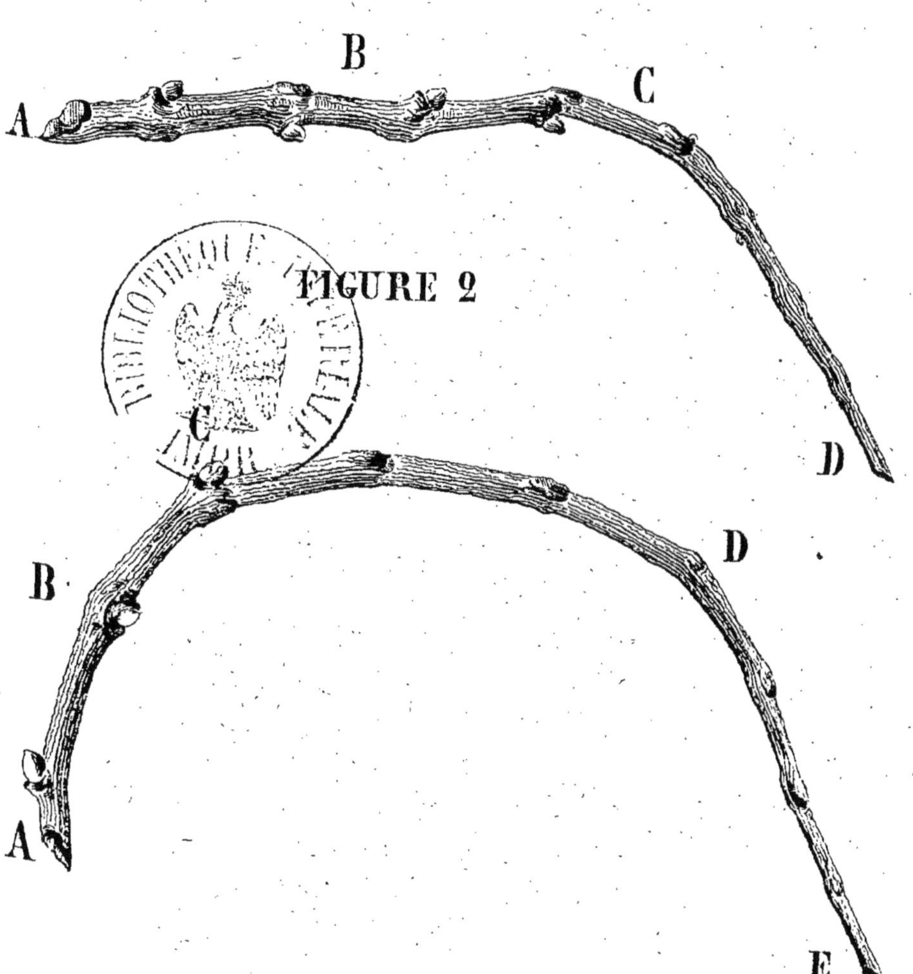

BIBLIOTHÈQUE
DES
LIVRES UTILES

25 volumes grand in-32, à 30 cent. le volume

Les Ouvriers célèbres.
Les bons et les mauvais livres.
La Vie de Jésus, édition populaire.
Franklin (Sa vie, ses ouvrages, ses découvertes).
Napoléon Ier et la Dynastie Napoléonienne.
Histoire populaire de la France. (2 volumes.)
Histoire anecdotique et populaire de Paris.
La Fille de Giboyer, Comédie.
Choix de Fables de La Fontaine.
Le Livre de la Famille, et l'Alphabet de la Famille.
Histoire sainte.
Grammaire française d'après LHOMOND.
Géographie de la France.
Le petit livre du devoir, ou École de morale et de savoir-vivre des fils de l'ouvrier.
L'Agriculture des Enfants des Écoles primaires.
Lectures morales et instructives.

La collection formera 25 volumes. Ces excellents ouvrages moraux et religieux sont uniquement destinés aux bibliothèques scolaires, aux distributions de prix, aux récompenses pendant l'année. Plusieurs d'entre eux sont adoptés et suivis dans les écoles de garçons et de filles.

Paris, Publicité, rue Cassette, 17. — Mirecourt, Imp. Humbert